Extrait du Journal LE GÉNIE CIVIL

TRAVAUX

DU

PORT DE BIZERTE

ET DE

L'ARSENAL DE SIDI-ABDALLAH

PAR

LE L^T-COLONEL ESPITALLIER

(Avec une planche hors texte.)

PARIS
PUBLICATIONS DU JOURNAL *LE GÉNIE CIVIL*
6, RUE DE LA CHAUSSÉE-D'ANTIN, 6
1902

Extrait du Journal LE GÉNIE CIVIL

TRAVAUX

DU

PORT DE BIZERTE

ET DE

L'ARSENAL DE SIDI-ABDALLAH

PAR

LE L^{T}-COLONEL ESPITALLIER

(Avec une planche hors texte.)

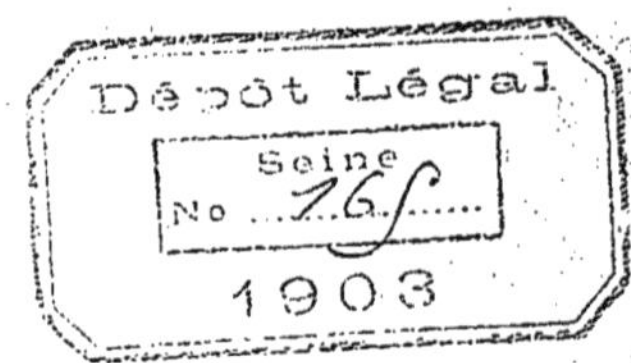

PARIS
PUBLICATIONS DU JOURNAL *LE GÉNIE CIVIL*
6, RUE DE LA CHAUSSÉE-D'ANTIN, 6
1902

TRAVAUX

DU

PORT DE BIZERTE

ET DE

L'ARSENAL DE SIDI-ABDALLAH

I. — Historique.

La création d'un grand port, de toutes pièces, est une entreprise singulièrement aléatoire et il est permis d'hésiter lorsqu'il s'agit d'émettre un pronostic, en ce qui concerne son rendement futur et le développement de son trafic, car les grands courants commerciaux échappent le plus souvent à la volonté humaine. Toute prévision est hasardée, si l'on prétend implanter ce port nouveau en un site vierge et inoccupé jusque-là, si bien choisi qu'il semble. Mais lorsque, au contraire, dans une longue suite de siècles, à chaque période prospère des peuples habitant la région, il y a eu sur le même emplacement un port riche et florissant, il est bien permis d'en conclure que la nature elle-même l'a marqué pour ce rôle et y a réuni toutes les conditions essentielles à son existence. Sa décadence dès lors ne saurait être que passagère ; c'est là un point de passage indiqué, soit des navires qui transitent, soit des marchandises qui entrent ou sortent du pays.

N'est-ce pas ce qu'on observe précisément pour Bizerte?

Sur le littoral qui, brusquement, limite, à l'est, l'Afrique septentrionale en descendant du cap Blanc et du cap Bon vers la mer des Syrtes, les Phéniciens avaient fondé un grand nombre d'*emporia*, dont l'important commerce a perpétué le nom jusqu'à nous ; mais, après la chute de la domination de ces universels marchands, les ports longtemps prospères qu'ils avaient créés subirent des périodes de déclin, dont quelques-uns ne se relevèrent point par la suite. Pourrait-on, même aujourd'hui, leur redonner une activité nouvelle ? Ce n'est pas probable, car s'ils se trouvaient jadis dans d'excellentes conditions pour le cabotage, qui était l'unique forme de la navigation antique, ils répondraient mal aux exigences actuelles du grand commerce maritime tel qu'il s'est peu à peu transformé. Quelques-uns de ces ports ont disparu dans les sables du rivage : c'est ainsi que la nature, comme à Utique, a fait subir à Carthage une destruction plus radicale encore que celle où Scipion l'avait réduite.

Bizerte sut, au contraire, renaître toujours de ses ruines, après des éclipses momentanées, chaque fois qu'une civilisation nouvelle s'étendit sur le pays et que celui-ci appartint à des maîtres industrieux. Comment n'en pas conclure que cette ville occupe un site prédestiné ?

La première mention qu'on en trouve figure, sous le nom d'*Hippo*,

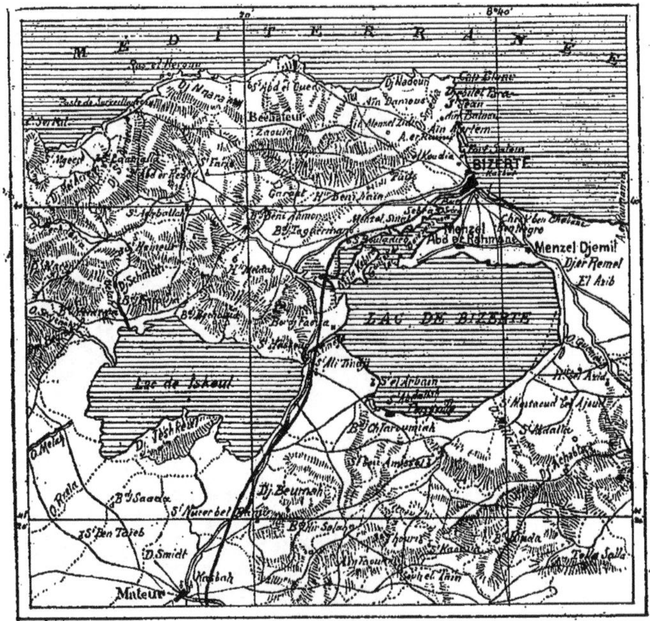

Fig. 1. — Carte de Bizerte et de ses abords.

sur une monnaie de l'époque d'Antiochus IV, le persécuteur des Macchabées. Après la destruction de Tyr par Nabuchodonosor, en 574 avant notre ère, toutes les colonies phéniciennes de la Méditerranée se confédérèrent sous la domination de Carthage et suivirent son sort dans ses luttes avec les Grecs et les Romains. Bizerte, en particulier, dont la puissance militaire portait ombrage à Syracuse, fut prise d'assaut, en 310 avant J.-C., par Agathocle, qui l'entoura d'une muraille si forte qu'elle put résister ensuite aux efforts du consul Pison en 248. Prise par les Mercenaires, reprise par Hannon, la bataille de Zama en

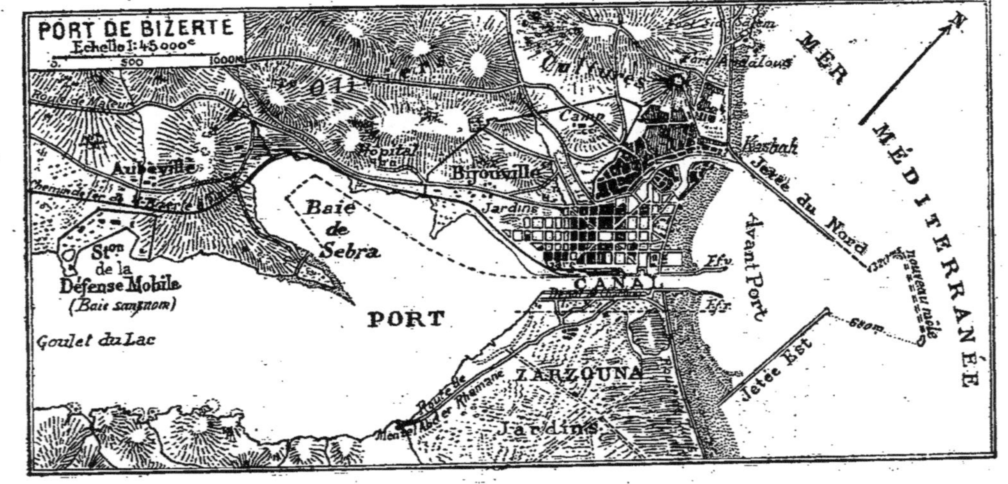

Fig. 2. — Plan de Bizerte après l'achèvement des travaux.

fit une possession romaine, en même temps que s'écroulait la puissance carthaginoise. Elle n'eut pas à se plaindre de ses nouveaux maîtres qui, conscients de l'importance qu'elle devait à sa situation, l'élevèrent au rang de colonie et en firent une cité d'autant plus florissante qu'elle n'était plus en lutte d'influence avec Carthage abattue.

« Les compétitions impériales qui marquèrent la fin du IIe siècle et le IIIe, écrit M. le capitaine Espérandieu (1), les querelles religieuses, les révoltes des Berbères enhardis par la faiblesse du pouvoir, lui firent perdre une grande partie de sa prospérité. L'invasion des Vandales, qui passèrent comme un torrent, acheva, en 439, cette œuvre de destruction. Malgré le vigoureux effort que firent les Byzantins pour relever tout le pays de ses ruines, Bizerte ne recouvra jamais son importance d'autrefois. Au VIIe siècle, quand les premières bandes arabes se répandirent en Tunisie, l'ancienne cité phénicienne n'était plus qu'une bourgade de quelques milliers d'habitants. Elle tomba aux mains des Maures, en 661, et eut beaucoup à souffrir, sous ses nouveaux maîtres, des luttes ardentes qui se produisirent entre ceux-ci et les Berbères. En 1492, de nombreux Maures, chassés d'Espagne, se réfugièrent à Bizerte où ils bâtirent un faubourg qui a conservé son ancien nom de *quartier des Andalous* (Andless). Un siècle plus tard, lorsque les Turcs, conduits par Kheireddin, s'emparèrent de Tunis, les habitants de Bizerte furent des premiers à se soumettre ».

Reprise successivement par les Maures, avec l'appui d'André Doria, et par les Turcs, châtiée et saccagée par les uns et par les autres, Bizerte devint le nid de pirates que les flottes de Venise, d'Espagne ou de France vinrent maintes fois bombarder. Et, cependant, dit encore le capitaine Espérandieu, « ce fut de Bizerte que partirent, en 1709, les navires qui ravitaillèrent de grains la Provence affamée ». Constatation utile à faire, car si elle prouve que nos relations commerciales avec la Régence remontent à un passé déjà lointain, elle indique aussi que ce pays méritait encore son renom de grand producteur de céréales et que Bizerte en était le port de sortie le plus naturel.

Qu'on l'appelle ***Hippo*** avec les Phéniciens ; ***Hippone-Acra*** avec Diodore de Sicile ; ***Hippo-Zaritus*** (corruption de ***Diarrhytus***), avec les Romains qui la distinguaient ainsi d'Hippo-Regius, dont on retrouve les ruines à 2 kilom. de Bône ; ***Benzert***, avec les Arabes, les Maures ou les Turcs ; ou ***Bizerte*** enfin : il suffit de voir, au fond du large croissant concave que la mer a creusé dans le vaste promontoire dont le cap Blanc est le môle avancé au nord, la succession des lacs intérieurs

(1) *Revue du Cercle Militaire.*

Fig. 3. — Vue de l'entrée du vieux port de Bizerte.

qu'un étroit chenal reliait à la baie, pour reconnaître que jamais la nature n'a offert au navigateur un port plus vaste ni plus sûr où des flottes entières pûssent souhaiter de jeter l'ancre à l'abri.

Cette situation exceptionnelle expliquerait à elle seule pourquoi Bizerte, si elle a suivi les mêmes alternatives de grandeur et de décadence que ses maîtres ou ses conquérants d'un jour, s'est toujours relevée de ses déchéances passagères.

A cette renaissance périodique, il y a une autre raison : c'est précisément cette position de sentinelle avancée sur la route maritime des navires transitant entre le détroit de Gibraltar et le bassin oriental de la Méditerranée.

Il n'y a pas plus de 200 kilom. entre Bizerte et la côte de Sardaigne ou de Sicile, et, si les pirates barbaresques en avaient fait un des repaires d'où ils pouvaient le plus aisément surveiller la mer et se jeter sur leur proie, la formation de nos flottes cuirassées n'a pas eu pour résultat de rien lui enlever de cette importance stratégique.

Sans nous égarer dans des considérations de tactique navale qui nous entraîneraient fort au delà des limites que comporte cette étude, il nous est permis de rappeler que le rayon tactique d'action d'un cuirassé filant 18 nœuds, autour d'un point d'appui, est de 180 milles environ, si l'on veut qu'il puisse revenir à la nuit à son port d'attache. Dans ces conditions, le cercle tactique de Bizerte coupe le rivage de Sicile et couvre tout le passage entre ce rivage et la côte africaine ; il coupe également le cercle d'action des navires anglais de Malte, que nos cuirassés menacent ainsi constamment ; et, si l'on combine le cercle d'action de Bizerte avec ceux de Mers-el-Kébir, d'Alger, d'Ajaccio et des ports métropolitains, il est facile de voir que tout le bassin occidental de la Méditerranée est sous notre dépendance tactique, et que Bizerte est la clef de notre action du côté de l'est.

C'est évidemment cette raison militaire qui a pesé sur les décisions gouvernementales, alors que ce sont les raisons commerciales qui peuvent décider du développement économique du nouveau port ; mais on ne saurait séparer les unes des autres, lorsqu'on veut apprécier l'opportunité des grands travaux qui achèvent de s'exécuter à Bizerte en ce moment même : c'est un merveilleux point d'appui pour nos flottes de guerre, mais, en même temps, les navires de commerce et les paquebots y doivent trouver, sur la grande route de l'Orient, un point naturel de relâche, et ils y relâcheront à la condition qu'ils y rencontrent, avec un outillage convenable, un ravitaillement assuré en vivres et en charbon.

Il a été de mode, il est vrai, d'assurer qu'il était impossible de jux-

FIG 4. — Vue du nouveau port de Bizerte, prise de l'entrée du canal.

2

taposer deux ports, l'un commercial et l'autre militaire ; mais il y a déjà longtemps qu'on a fait justice de ce paradoxe auquel la prospérité de Cherbourg donne un démenti, aussi bien que celle de Malte ou de Gibraltar, encore que ces ports soient loin de présenter des conditions aussi favorables que celles de Bizerte, où le grand espace permet de suffire à tout. Ce n'est pas au moment où l'on parle de créer à Brest un port commercial, qu'il serait opportun de le rééditer, et l'on trouverait, s'il le fallait, des arguments contraires, dans l'aide efficace que l'outillage puissant d'un port de commerce peut apporter dans une opération de ravitaillement d'une escadre.

Quoi qu'il en soit, les préoccupations militaires et commerciales, à titre égal, ont sollicité de tout temps l'attention du Gouvernement français. Dès les premières heures de l'occupation, l'amiral Aube, pendant son court passage au Ministère de la Marine, MM. Cambon et Massicault, les administrateurs éminents qui présidèrent avec tant d'habileté à l'organisation de notre protectorat, demandèrent avec insistance qu'on occupât cette position admirable; mais la crainte d'éveiller les susceptibilités de certaines puissances, encore que l'Angleterre, dès 1881, se fût à peu près désintéressée de la question, fit ajourner trop longtemps la réalisation de ce projet et, lorsqu'enfin on se fut résolu à y fonder un point d'appui naval, il semble qu'une consigne sévère fut donnée, tout d'abord, d'y travailler discrètement et d'en parler le moins possible. Les navires de guerre eux-mêmes ne touchaient ce rivage qu'avec circonspection, et la rareté de leurs visites n'était point pour aider au développement de ce port créé avant tout pour eux.

Les circonstances ont dissipé peu à peu ces restrictions diplomatiques. Les projets de la France ne sauraient offusquer personne aujourd'hui et peuvent enfin s'étaler au grand jour. Grâce à la ténacité de quelques hommes, grâce aussi, il faut bien le dire, à l'activité de la Compagnie chargée de mettre en valeur cette grande entreprise, le jour est venu où nous possédons à Bizerte un port militaire formidable, et, en même temps, un centre commercial dont la prospérité et l'importance s'accroissent tous les jours.

Notre but est de décrire les travaux considérables qui ont permis d'atteindre ce double résultat et qui peuvent se répartir en deux périodes.

Nous nous attacherons spécialement à décrire les travaux de la seconde période qui sont encore en cours d'exécution à l'heure actuelle.

Dans la première, l'entreprise générale était confiée exclusivement à la Compagnie du Port de Bizerte. Dans la seconde, les travaux complémentaires, tant pour l'amélioration de la rade et du port que pour les travaux de l'arsenal de Sidi-Abdallah dans le fond du lac, ont été exécutés, pour la plus grande part, par MM. Hersent et fils, en même temps que la construction de deux formes de radoub était concédée à d'autres entreprises, sous le contrôle de MM. Pavillier, Directeur des Travaux publics, Boulle et de Fages, Ingénieurs des Ponts et Chaussées, adjoints à la Direction générale.

II. — Aperçu général sur la marche des travaux.

Bizerte est bâtie au fond du vaste croissant creusé dans la rive tunisienne et dont les pointes saillantes sont marquées par le cap Blanc et le ras Zebid. Les maisons blanches de la vieille ville arabe pressent le groupe irrégulier de leurs terrasses au pied des dernières collines du massif montagneux qui couvre le littoral de la Tunisie, au nord. Resserrée dans ses murailles, éclatante et pittoresque de loin, tortueuse et un peu sale sans doute dès qu'on l'approche, comme la plupart des villes orientales, la cité déchue est assise sur l'étroite bande de terre séparant la mer du grand lac qui forme un bassin intérieur immense. Traversant la ville et établissant une étroite communication entre ce lac et la mer, un chenal formait l'ancien port dont le débouché vers le lac est comblé aujourd'hui.

A vol d'oiseau, tel qu'on peut découvrir le terrain du mamelon où gisent encore les ruines du fort des Andalous, les bassins intérieurs offrent une configuration caractéristique. C'est d'abord, quand on les aborde en venant du littoral, un goulet relativement étroit que barraient jadis les clayonnages des pêcheries, à l'endroit où il s'élargissait tout à coup pour dessiner, vers le nord, une vaste crique qui porte le nom de *Sebra*. La baie de Sebra, dont les fonds atteignent 8 à 9 mètres presque partout, suffirait à constituer un excellent port pour les navires du plus fort tonnage; en la spécialisant pour le port commercial, son étendue dépasse de beaucoup les nécessités et les développements que l'on peut entrevoir.

Cette baie communique par un large goulet avec le lac de Bizerte proprement dit. C'est sur ce goulet qu'on a transporté les barrages des pêcheries, en laissant une ouverture de 32 mètres, aujourd'hui portée à 50 mètres, facile à fermer au moyen d'un filet mobile, et à ouvrir pour le passage des navires de la marine de guerre, dont les établissements sont situés, soit à la *baie Sans-Nom*, soit dans le lac même, à *Sidi-Abdallah*.

Le lac forme un immense bassin de 15 kilom. sur 10 ou 11 kilom.,

Fig. 5. — Vue panoramique de la ville de Bizerte rive nord du canal (vers l'ouest).

Fig. 6. — Vue panoramique de la ville de Bizerte rive nord du canal (vers l'est).

couvrant ainsi 15 000 hectares environ, avec des fonds dépassant 10 mètres presque partout : les flottes les plus considérables y tiendraient donc à l'aise.

Cet immense bassin salé reçoit, en outre, par un étroit émissaire, les eaux douces du lac *Iskeul*, dont les dimensions sont presque équivalentes. Au delà s'étend la plaine fertile que suit aujourd'hui le chemin de fer qui, de Mateur, rejoint la grande ligne de la Medjerdah.

Dans l'état où l'incurie de l'administration beylicale avait laissé péricliter l'ancien port, au moment où la France étendit son protectorat sur le pays, il ne pouvait être question d'utiliser le lac de Bizerte pour y faire entrer des navires. Le port lui-même avait ses quais effondrés et ensablés.

Programme des premiers travaux.

Le premier programme des travaux, évalués à 12 millions environ, comprenait :

1° La construction d'un avant-port de 86 hectares, abrité par deux jetées en eau profonde. L'un de ces ouvrages prolongeait jusqu'à 1 023 mètres de longueur l'ancienne jetée nord; le second constituait, au sud-est, une jetée nouvelle, longue de 950 mètres. Ces deux digues, poussées jusqu'aux fonds de 13 mètres à marée basse, laissaient une passe de 420 mètres libre entre leurs musoirs ;

2° Le creusement d'un canal dragué sur 2 400 mètres de longueur, orienté N.-E. 45° au S.-O. 45°, ayant 9 mètres d'eau aux basses mers, et établissant la communication de l'avant-port avec le bassin intérieur. Ce chenal avait une largeur de 100 mètres au plan d'eau, et de 64 mètres au plafond. Sur une longueur de 650 mètres, il présentait un élargissement à 120 mètres bordé sur 200 mètres de quais permettant l'accostage ;

3° L'entreprise devait, en outre, aménager le long des quais, 10 000 mètres carrés de terre-pleins pourvus de l'outillage nécessaire au chargement et au déchargement des navires, avec un hangar-magasin de 600 mètres carrés et des voies ferrées d'un développement total de 1 000 mètres, se raccordant au chemin de fer de Bizerte à Tunis qui n'était pas encore établi (ces lignes ferrées sont à voie normale).

L'outillage comprenait les appareils de levage nécessaires, notamment deux grues à vapeur de 10 000 et 1 500 kilogr. de force, une mâture à vapeur de 20 tonnes et une bascule de 20 tonnes ;

4° Les feux de port et bouées nécessaires à la navigation ;

5° Un pont transbordeur franchissant le chenal à une hauteur assez grande pour ne pas entraver la navigation.

L'exécution de ces travaux suffisait à constituer un port commercial de grande importance le long même du chenal ; mais elle permettait, en outre, aux plus gros bateaux et, notamment, aux navires de guerre,

Fig. 7. — Phare à l'extrémité de la jetée nord.

de franchir le goulet pour pénétrer dans le bassin intérieur, où la baie de Sebra offrait un mouillage excellent, indiqué par un alignement balisé.

Programme des travaux complémentaires.

En 1898, les premiers travaux que nous venons d'énumérer étaient achevés et définitivement reçus, complétés par un pont transbordeur (système Arnodin) d'une portée de 97 mètres entre culées, mettant en communication les deux rives du canal (fig. 6), lorsque la Marine manifesta le désir de voir effectuer des améliorations, permettant aux cuirassés du plus fort tonnage de pénétrer plus facilement jusque dans le lac de Bizerte.

En mai 1896, en effet, l'expérience avait été faite par une partie de l'escadre de la Méditerranée, comprenant notamment *le Brennus* et *le Redoutable*, sous le commandement de l'amiral Gervais. Le 14 juillet 1898, l'escadre, commandée par l'amiral Humann, reprit l'opération et franchit à nouveau la passe ménagée dans le barrage des pêcheries, pour aller mouiller presque tout entière dans le lac.

Ces expériences permirent de faire les constatations suivantes :

1° La passe des pêcheries n'avait que 38 mètres de largeur; on dut la porter à 50 mètres;

2° Le chenal n'avait pas une largeur suffisante pour parer à toutes les éventualités de guerre; il fallait prévoir, en effet, qu'un seul navire échoué par le travers en aurait intercepté le passage, comme le fait s'est présenté à Santiago-de-Cuba pendant la guerre hispano-américaine. Il s'y produisait, en outre, au moment du jusant et du flot, des courants atteignant 3 et même 4 nœuds et demi, trop violents pour une navigation régulière. Enfin, la forme dissymétrique du chenal, par suite de l'élargissement au droit du quai nord, provoquait de véritables embardées qui pouvaient produire des échouages;

3° La passe libre de 420 mètres entre les musoirs des jetées était trop considérable; elle permettait aux grosses mers de faire sentir leurs effets jusque dans le chenal dont elle favorisait ainsi l'ensablement. En outre, on fit remarquer qu'un navire ennemi pouvait, en temps de guerre, s'engager à toute vitesse par cette entrée, traverser l'avant-port en ligne droite, malgré le feu des batteries, et enfiler le chenal avant d'être atteint. Il importait donc de briser son parcours et de le forcer à plusieurs changements de route entraînant une diminution de vitesse.

Une Commission nommée à l'effet d'examiner les moyens de remédier à ces inconvénients, présenta des conclusions à la suite desquelles un programme de travaux complémentaires fut arrêté, dont le devis s'élevait à 8 600 000 francs. Ces travaux furent confiés, en 1899, à la Compagnie du Port de Bizerte, qui s'est substituée MM. Hersent et fils pour leur exécution.

Entre temps, d'ailleurs, la Marine, en 1898, avait mis au concours la construction, au fond du lac de Bizerte, à *Sidi-Abdallah*, d'un port exclusivement militaire, situé à 15 kilom. de la ville et du port commercial, afin d'y établir un arsenal pour la réparation des navires de guerre et deux bassins de radoub de 200 mètres de longueur.

Ces installations se complétaient successivement par la construction d'un port des artifices, près de l'arsenal, et d'une station de défense mobile, placée au fond de la baie *Sans-Nom*, pour y abriter les torpilleurs.

Le programme des travaux complémentaires du port de Bizerte proprement dit comprenait :

1° Le prolongement sur 200 mètres de longueur de la jetée nord, et la construction à son point terminal d'un musoir de $20^{m}\,66 \times 16$ mètres et d'un contre-musoir de 31 mètres $\times$ 10 mètres;

2° La construction d'un môle ou digue du large, masquant la passe actuelle qui se trouvera ainsi remplacée par deux passes nouvelles de part et d'autre du môle. Ce môle a 610 mètres de longueur et est terminé par deux musoirs à ses deux extrémités. La largeur des passes de navigation est de 320 mètres pour la passe nord, et de 680 mètres pour la passe sud ;

3° Le dragage de l'avant-port jusqu'aux fonds de 10 mètres par basses mers, cet approfondissement portant ainsi sur 40 hectares ; en outre, le chenal est approfondi à la même cote et sa largeur, primitivement prévue à 100 mètres, est portée à 200 mètres au plan d'eau. Ce travail entraîne l'approfondissement à —10 mètres, avec une largeur minimum de 200 mètres, d'une partie de la baie de Sebra, sur le prolongement du chenal et jusqu'aux fonds naturels de 10 mètres.

III. — Exécution des travaux de la seconde période (Digues et dragages du port).

Organisation générale.

Les travaux complémentaires dont nous avons exposé le programme, et qui se poursuivent depuis 1898, auront pour résultat de donner aux installations militaires de Bizerte un développement considérable et définitif. Ils servent, en même temps, les intérêts commerciaux de ce port, en assurant la sécurité de ses accès et en accroissant son outillage.

L'exécution de ces travaux a été entreprise dès l'abord, en profitant de l'expérience acquise dans les travaux antérieurs, et avec une puissance de moyens qui permet de la proposer pour modèle.

Indépendamment des établissements et des formes de radoub installés à Sidi-Abdallah par les services de la Marine, et dont il sera parlé plus loin, aussi bien que du port des artifices et de la défense mobile, les seules améliorations du port, exécutées par MM. Hersent

et fils, qui constituent la première partie de ce programme, sont évaluées à 8 600 000 francs, qui se répartissent de la façon suivante :

Prolongement de la jetée nord.	Fr.	800 000
Môle du large		3 150 000
Dragages de l'avant-port et du chenal		4 650 000
Total	Fr.	8 600 000

Les services de l'entreprise sont centralisés à la Kasbah, à l'enracinement de la jetée nord, où ont été installées des estacades pour le chargement, avec culbuteurs, des enrochements et des blocs naturels amenés par voie ferrée de la carrière d'Aïn-Meriem. Une estacade est plus spécialement affectée au service courant; elle est munie de grues de déchargement de la chaux, du sable et des pièces d'outillage en réparation.

En dehors des bureaux et magasins, les installations comprennent, notamment, les ateliers suivants :

Un *atelier de construction* pour les travaux de chaudronnerie; une cale de construction y est adjointe;

Un *atelier de réparations;*

Une *usine électrique* développant une force de 150 chevaux, où l'énergie motrice est fournie par deux chaudières de Naeyer et une machine verticale Weyher et Richemond, à trois génératrices Hillairet et Huguet, chacune de 500 volts, 50 ampères, 25 000 watts. Chacune de ces génératrices absorbe une force de 34 chevaux-vapeur.

Ces machines fournissent l'électricité aux réceptrices réparties sur les diverses installations et actionnant les broyeurs, les bétonnières et les transbordeurs; elles assurent, en même temps, l'éclairage des différents chantiers. Le transport de force se fait, d'ailleurs, à des distances assez réduites : 100 mètres pour les broyeurs et les bétonnières, 1 500 à 3 000 mètres pour les transbordeurs. Le courant électrique est envoyé aux transbordeurs de la digue du large, au moyen d'un câble sous-marin échoué dans la passe nord. Ce câble est formé par la réunion de deux câbles de 40 millimètres, quatre de 20 millimètres et deux câbles téléphoniques. Grâce à ces conducteurs multiples, il est possible de satisfaire à tous les services, indépendamment les uns des autres, deux des câbles de 20 millimètres servant à la lumière, tandis que le fonctionnement des treuils utilise les deux autres câbles de 20 millimètres et ceux de 40 millimètres.

Les quatre réceptrices actionnant les transbordeurs ont été fournies par la maison Hillairet et Huguet; elles donnent chacune 500 volts, 14,7 ampères, 7 360 watts et une force de 10 chevaux-vapeur.

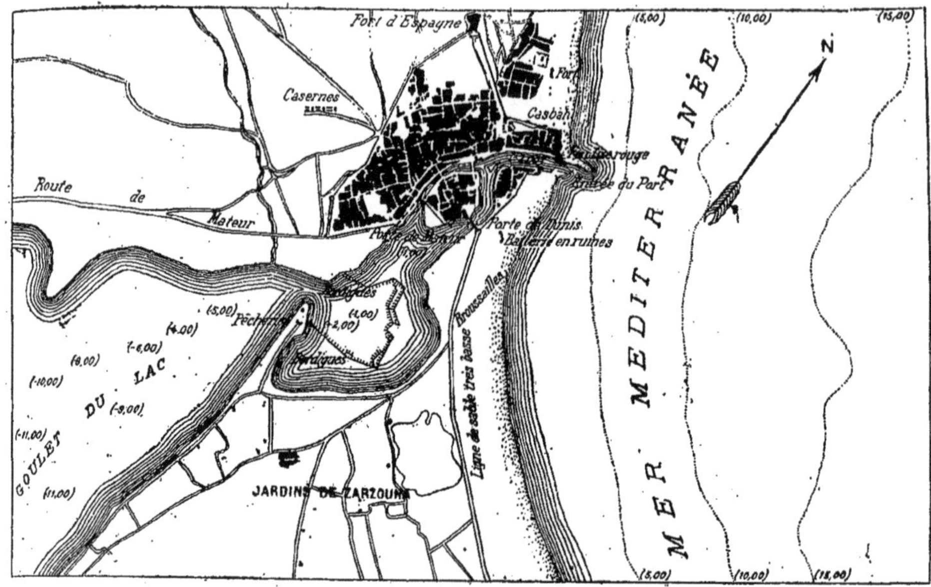

Fig. 8. — Le port et la ville de Bizerte, en 1881.

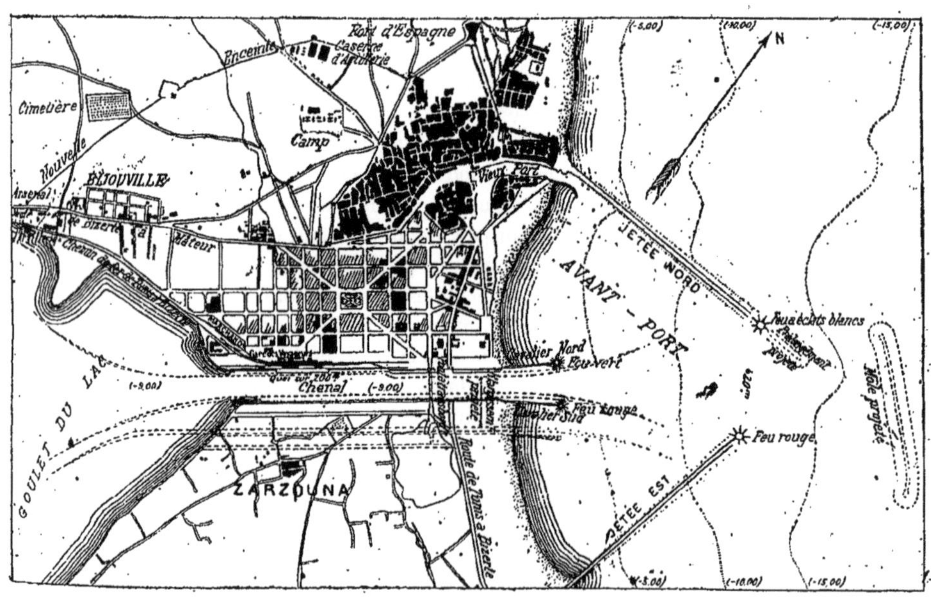

Fig. 9. — Le port et la ville de Bizerte, en 1900.

L'installation pour la *fabrication du mortier* comprend deux broyeurs à meules mobiles circulant dans une cuve de $2^{m}50$ de diamètre, et pouvant faire chacun, par jour, 50 mètres cubes de mortier. Le remplissage des cuves se fait à la main et la vidange est automatique.

Le mortier est envoyé directement, par voie ferrée, au chantier de lestage des caissons ou à l'extrémité de la jetée, pour l'exécution des maçonneries de superstructure.

Le mortier destiné à la construction de la jetée du large, y est transporté par des chalands, mais ce chantier a été également desservi par une installation flottante de confection de mortier.

L'installation pour la *fabrication du béton* comprend, sur chaque point, une charpente en bois, supportant, à 2 mètres du sol, deux bétonnières cylindriques; les matériaux, cailloux, chaux et sable, sont amenés, par des wagons dosés d'avance, dans une fosse où ils sont repris par une chaîne à godets qui les verse dans les bétonnières. Chaque groupe peut produire 200 mètres cubes de béton par jour. Le béton est, ensuite, chargé directement, à la sortie de la bétonnière, soit dans des chalands spécialement aménagés pour le transport au lieu d'emploi, soit directement dans les caissons. Il est accordé un délai de deux heures entre la fabrication et l'emploi du béton.

Dragages.

Les dragages à exécuter portaient tant sur l'approfondissement de l'avant-port à la cote (— 10 mètres), que sur l'élargissement du canal, à 240 mètres au plan d'eau et 200 mètres au plafond (fig. 10)

Les dragages de sable de l'avant-port ont été exécutés sur 40 hectares environ, au moyen de deux dragues suceuses de 210 chevaux chacune, et d'une drague suceuse de 300 chevaux; leur production journalière atteint 1 200 mètres cubes. Cette production peut paraître relativement faible, ce qui tient à la nature des fonds, la drague ramenant à la fois du sable très fin mélangé à des algues et des cailloux. Ces produits du dragage sont déversés en mer, en arrière de la jetée Est de l'avant-port, et à une distance moyenne de 3 kilom. du musoir de cette jetée.

L'élargissement du canal est exécuté au moyen de trois dragues à godets, dont la force varie de 70 à 150 chevaux, et qui produisent, journellement, en moyenne, 3 500 mètres cubes dans le terrain ordinaire. Dans les parties rocheuses, préalablement disloquées à la dynamite, la production s'abaisse à 200 ou 300 mètres cubes par jour. Les déblais sont amenés, partie en mer par des bateaux-clapets, et partie dans la baie de Sebra, au moyen d'un débarquement fixe.

Profils comparés de différents canaux.

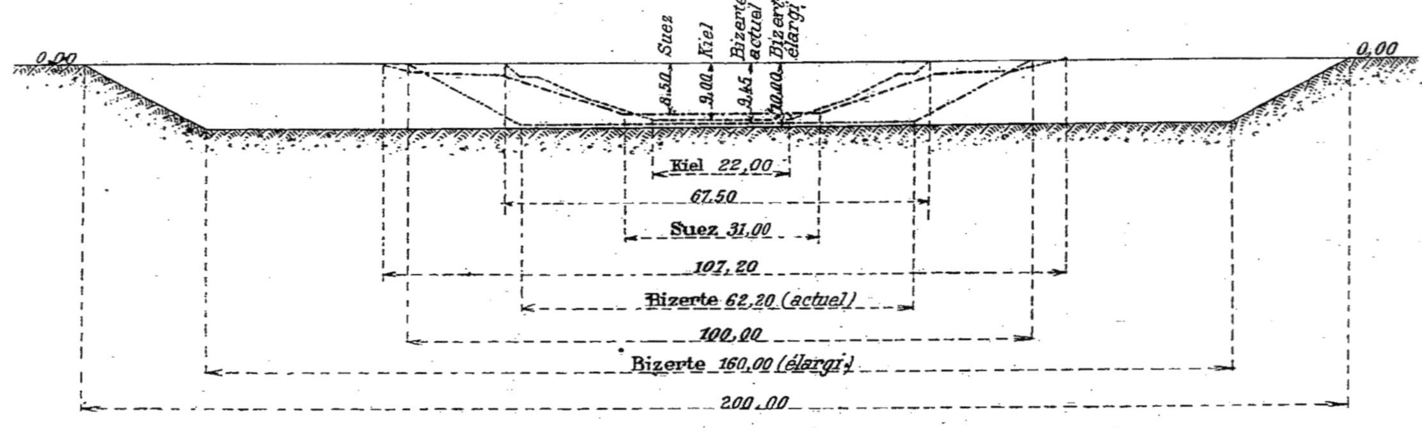

Fig. 10. — Profil en travers du canal de Bizerte élargi.

Le matériel d'extraction et de transport est assez puissant pour que le déblai mensuellement produit ait atteint 150 000 mètres cubes, en moyenne.

En raison des forts courants qui règnent dans le canal, l'élargissement de ce canal et son raccordement avec les fonds de 10 mètres, tant dans la baie de Sebra que dans l'avant-port, sont effectués au moyen de passes longitudinales régulières et successives, d'au moins 40 mètres de largeur, de manière à obtenir progressivement les cotes et dimensions prévues.

Considérations sur les courants dans les canaux étroits.

La formation des courants rapides que nous venons de mentionner et qui, dans le canal de Bizerte, offrent une certaine gêne au mouvement des navires, a été une des causes qui ont décidé les travaux actuellement en voie d'achèvement.

On peut se demander quels seront les effets de l'accroissement de section obtenu grâce à l'élargissement et à l'approfondissement du canal, et il n'est pas inutile de faire remarquer que les avis des Ingénieurs ne laissent pas d'être partagés à ce sujet, car, si d'une part, l'augmentation de section lui assure un débit plus grand et permet de supposer que l'équilibre de niveau entre la mer et le lac se peut établir avec une vitesse plus grande, les frottements, par suite de la réduction résultant de la plus grande section, refrènent moins efficacement cette vitesse qui, à la limite, lorsque le débouché s'agrandit indéfiniment, serait celle de l'écoulement à gueule-bée.

Si, pour un canal de faibles dimensions, tel que celui qui servait de port aux Arabes, les frottements ont une influence prépondérante et amènent une sensible réduction de vitesse, on peut admettre que cette influence diminue à mesure de l'agrandissement du canal, sans qu'elle soit tout d'abord compensée par celle de l'accroissement de débit, l'eau s'étalant, d'ailleurs, au débouché sur la surface d'un lac, surface qui, pour limitée qu'elle soit, n'en est pas moins très grande (117 kilom. carrés), par rapport à la section de l'émissaire. Mais on conçoit également que, le développement linéaire de la partie mouillée du profil s'accroissant moins vite que la section de ce profil, il puisse y avoir une limite au delà de laquelle le débit prendra à son tour une influence prépondérante. La largeur d'environ 100 mètres, donnée tout d'abord au canal était en deçà de cette limite et correspondait à un excès de vitesse : on doit se demander si, en la doublant et en augmentant la profondeur, le débit ne sera pas suffisant pour atténuer cette vitesse dans une large mesure.

Au lieu de raisonner en partant d'un émissaire beaucoup trop réduit, on peut encore envisager la question à l'inverse, en partant d'un orifice très grand.

Si le lac et la mer communiquaient entre eux par une ouverture suffisamment grande, les choses se passeraient comme pour un golfe au fond duquel l'effet de la marée se transmet, pour ainsi dire, instantanément : le courant est donc insensible.

Imaginons que l'on réduise progressivement l'ouverture. Il est évident que l'équilibre des niveaux s'établira de plus en plus difficilement, et que le courant qui n'est dû qu'à la différence des niveaux, deviendra de plus en plus appréciable. On serait donc tenté de conclure, *a priori*, que cet accroissement du courant ira en augmentant indéfiniment, à mesure que le débouché se rétrécit, et qu'une augmentation de section l'atténuera toujours, au contraire. Cette conclusion, toutefois, serait trop hâtive, puisque l'on sait que, pour des dimensions transversales extrêmement réduites du canal, les frottements réduisent considérablement la vitesse. Entre les deux extrêmes, il y a donc une dimension plus avantageuse qu'il s'agit de déterminer.

Les observations faites par M. Jean Hersent, d'une part, et, de l'autre, par un des officiers de marine employés à Bizerte, corroborent, jusqu'à un certain point, ces déductions théoriques. C'est ainsi qu'on a pu relever, au même instant de la marée, des vitesses décroissantes dans des canaux de même largeur mais de profondeur croissante, comme le montrent les différences de niveau relevées :

Différences de niveau	0m 36 (fév. 1894)	0m 23 (sept. 1894)	0m 19 à 0m 20 (1901)
Profondeurs correspondantes	3m 00 —	6m 00 —	9m 50 —

Bien que l'expérience seule puisse donner à la question posée une réponse définitive, les résultats d'observation recueillis et résumés par le commandant M..., ont conduit cet officier à penser que les élargissements et approfondissements projetés pour le chenal de Bizerte devaient aboutir à une atténuation notable de vitesse.

Considérations générales sur les jetées a la mer.

Nous empruntons à un travail inédit de M. Jean Hersent, les éléments des observations suivantes sur les procédés qu'il semble le plus avantageux d'appliquer à la construction des ouvrages à la mer; ces considérations expliquent et justifient, notamment pour les faces exposées à la mer du large, dans les digues et jetées, la substitution largement généralisée des gros blocs naturels ou artificiels aux matériaux d'enrochement ou de maçonnerie de volume moyen.

Dans tous les ouvrages existants, ainsi que par la pratique journalière des travaux à la mer, on peut observer, partout, l'influence de la masse des blocs employés sur leur bonne tenue. C'est ainsi qu'à Cherbourg, la grande digue qui ferme la rade absorbait, pour son entretien, 5 à 6 000 tonnes de blocs chaque année, quand chacun de ces blocs ne pesait pas plus de 2 000 kilogr. Depuis qu'on y emploie des blocs beaucoup plus gros, la quantité nécessaire aux rechargements a diminué.

A Philippeville, où le revêtement de la grande jetée est formé de blocs artificiels de 40 à 200 tonnes, il n'y a pas trace de déplacements depuis plusieurs années, malgré des coups de mer d'une amplitude et d'une violence extrêmes.

A Bizerte, enfin, le revêtement des premières jetées est formé de pierres naturelles de 5 000 kilogr. et au-dessus, atteignant souvent 10 et 12 000 kilogr. Les travaux sont exécutés depuis assez longtemps déjà, pour qu'il soit permis d'en apprécier la parfaite tenue.

Cette expérience atteste en même temps les grands avantages des blocs naturels sur des massifs de maçonnerie même notablement plus gros, comme résistance et comme économie. Toutefois, il convient d'ajouter que l'emploi des gros blocs naturels est limité par la puissance des engins de manutention et, quelquefois aussi, par la nature des carrières, qui ne produisent pas toujours une assez grande quantité de blocs de grosse dimension.

C'est cette difficulté d'emploi qui peut conduire à substituer aux gros blocs naturels, des massifs équivalents formés de petits matériaux. Dès 1783, l'Ingénieur de Cessart, afin de solidariser les matériaux de moyenne grosseur qui composaient les enrochements des travaux de Cherbourg, les coulait dans des troncs de cône en bois de 45m 50 de diamètre à la base et de 19m 50 de hauteur. A l'heure actuelle encore, les Ingénieurs américains construisent leurs jetées en *cribworks*, composés de caisses remplies de pierres.

Enfin, un peu partout aujourd'hui, on s'efforce de remplacer le bois par le fer, et l'on constitue des caisses à ossature métallique qu'on leste à l'abri et qu'on échoue en place par le beau temps.

On a critiqué, il est vrai, l'incorporation de parties métalliques dans les maçonneries. Il semble bien, cependant, que les craintes que l'on peut concevoir à l'égard de la destruction du métal à la longue ne sont pas justifiées. On peut signaler sur ce sujet les conclusions techniques de M. Guiffart, Ingénieur des Ponts et Chaussées, qui a dirigé

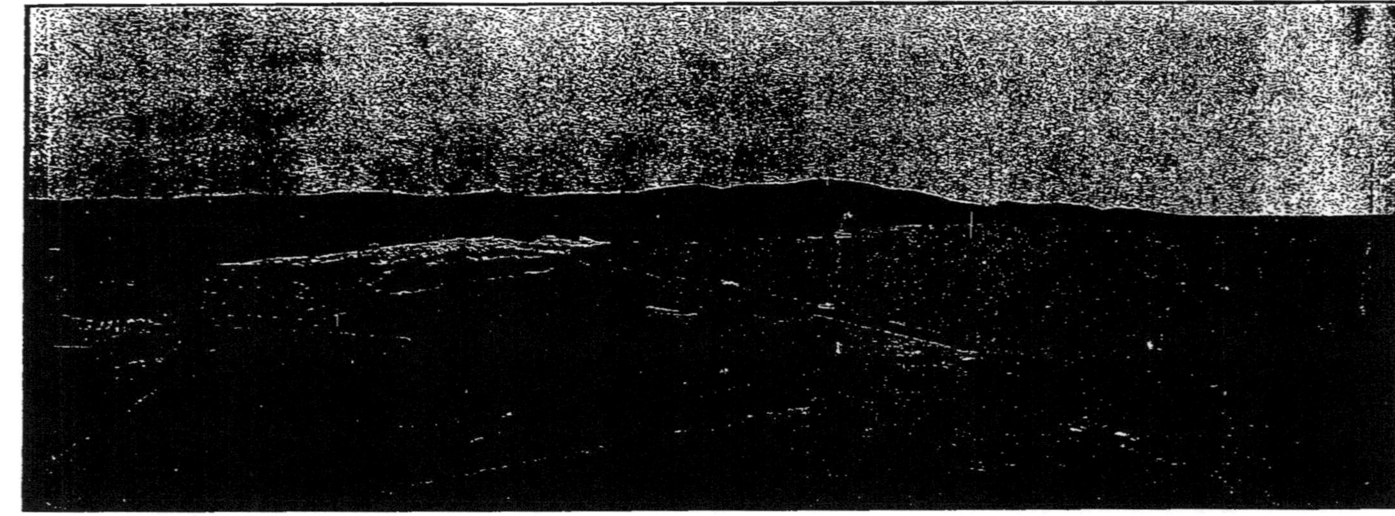

Fig. 11. — Vue panoramique de l'entrée du port de Bizerte.

la construction du troisième bassin de radoub, de Missiessy, à Toulon (1), et les études que M. Lefort, Ingénieur en chef des Ponts et Chaussées a consacrées aux ouvrages en ciment armé (2).

M. Hersent cite également une observation personnelle fort intéressante. Ayant à réunir, en 1899, par une conduite immergée, le bassin n° 3 de Missiessy avec les bassins nos 1 et 2, dont l'exécution

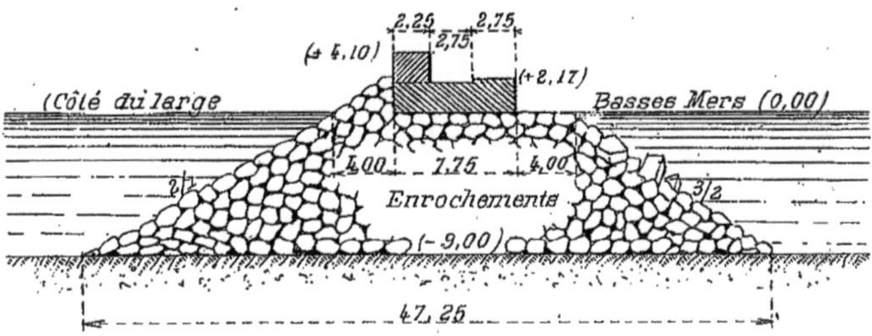

Fig. 12. — Coupe de la jetée nord.

remontait à 1876, on a été conduit à démolir une partie du caisson du bassin n° 2, pour y raccorder la conduite. Cette démolition a nécessité la mise à nu et l'extraction d'importantes parties métalliques qui se sont trouvées en parfait état de conservation, portant encore, sur certaines parties, la peinture au minium primitive.

Quelques Ingénieurs cependant émettent encore certains doutes et,

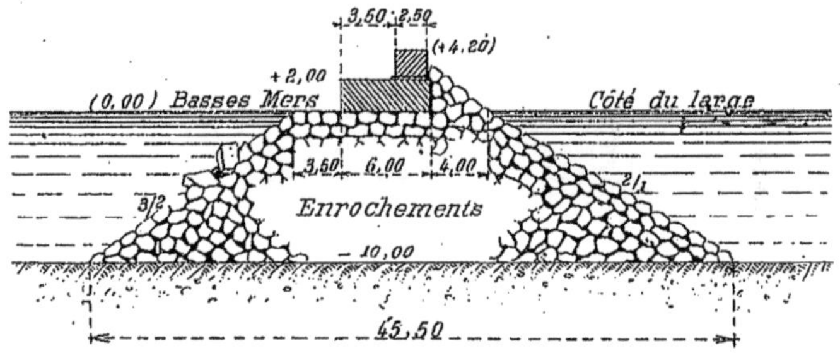

Fig. 13. — Coupe de la jetée est.

pour éviter l'incorporation de carcasses métalliques dans les massifs maçonnés, préconisent l'emploi des caissons-cloches, qui disparaissent complètement après la construction. C'est le procédé appliqué au port de la Pallice et, lorsqu'il s'est agi de décider le mode de construction

(1) *Annales des Ponts et Chaussées*, 1893-3.
(2) *Nouvelles Annales de Construction* (5me série, tome V, année 1898).

d'un bassin de radoub à Bordeaux, les Ingénieurs chargés de ce travail donnèrent la préférence, à prix égal, au procédé de fondation par cloche, malgré les inconvénients inhérents à ce système. Outre, en effet, qu'il nécessite le travail sous l'air comprimé, dans une chambre

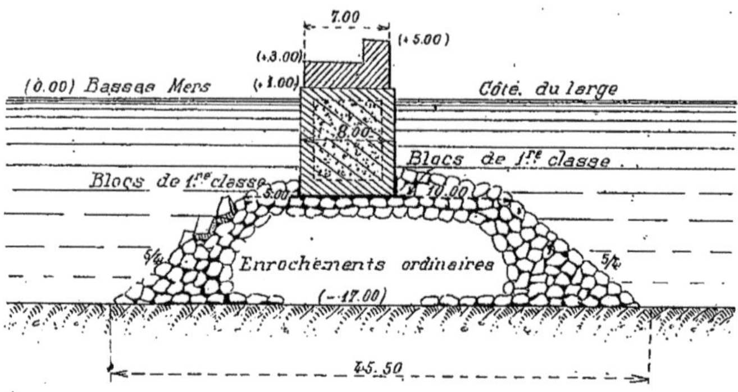

FIG. 14. — Coupe du môle du large.

confinée, éclairée artificiellement, le procédé par cloche oblige à construire entièrement sur place, avec toutes les éventualités d'arrêts et d'avaries causées par le mauvais temps.

Le procédé de construction des blocs au moyen de caissons, soit à

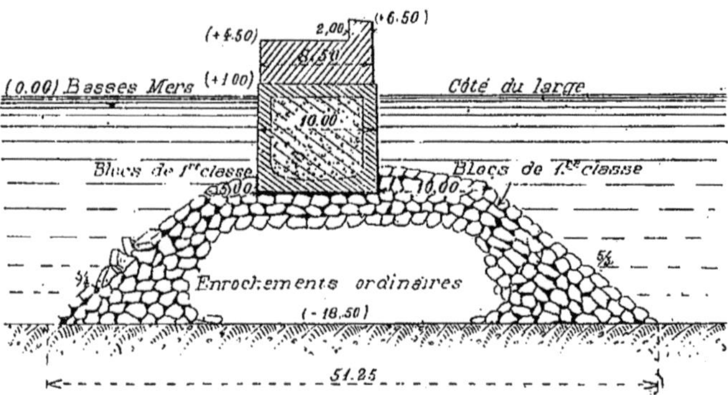

FIG. 15. — Coupe sur l'extrémité du môle.

sec dans un bassin, soit par flottaison dans l'eau, suivant une méthode analogue à celle qui sert pour le lestage des caissons de fondation, permet, au contraire, de s'affranchir des inconvénients que nous venons de signaler. On peut ainsi préparer d'avance des blocs plus ou moins évidés, susceptibles d'être amenés par flottaison à leur lieu d'emploi, où il ne reste plus qu'à achever de les remplir pour constituer des massifs de 3 à 5 000 tonnes et même davantage, sans courir les mêmes risques qu'en les construisant sur place.

Déjà, à Lisbonne, en 1880, MM. Hersent ont construit, tant pour les murs de quai que pour les môles-abris, des blocs artificiels de 560 mètres cubes, pesant 1 400 tonnes environ, qui ont été transportés à flot et immergés avec succès. La partie inférieure des blocs était maçonnée dans une caisse en tôle ; les parois verticales de la caisse étaient surmontées de hausses mobiles, ou batardeaux, destinées à être démontées pour servir plusieurs fois. L'ensemble, après avoir été convenablement lesté, était remorqué à son emplacement définitif pour y recevoir le complément de la maçonnerie intérieure. Les batardeaux eux-mêmes peuvent être, du reste, remplacés par des tôles perdues.

Depuis lors, de nombreuses applications de ce procédé ont été faites dans différents ports : à Bordeaux [1], en 1893, pour la construction des quais verticaux notamment ; à Heyst, en Belgique, où il sert actuellement à l'établissement d'un port en eau profonde, et, pour se rendre compte des énormes dimensions auxquelles on peut atteindre, il suffit de citer la construction, en 1896-97, par les mêmes entrepreneurs, du troisième bassin de Missiessy, à Toulon, où 40 000 tonnes de maçonnerie ont été accumulées dans un seul caisson d'une surface de 200 mètres × 41 mètres, à 300 mètres du lieu d'échouage définitif.

Cet exemple justifie amplement le procédé adopté à Bizerte où les blocs artificiels employés pour le prolongement de la jetée nord et la confection de la digue du large, pèsent de 5 000 à 6 500 tonnes et sont posés sur enrochements à 8 mètres sous basse mer. Ces blocs offrent une masse suffisante pour résister d'une manière efficace aux effets de la mer et des courants ; leur emploi permet, en outre, d'adopter un profil d'ouvrage plus avantageux au point de vue économique que le type de jetée composé d'un simple couronnement en maçonnerie, assis sur un volumineux enrochement arasé au plan d'eau, tel qu'il avait été appliqué dans les premiers travaux du port. Les figures 17 et 18 indiquent les différences des deux profils et montrent que, si le cube de maçonnerie est augmenté du massif $abcd$, l'enrochement est réduit dans de notables proportions, cette réduction étant mesurée par un massif qui aurait pour tranche le trapèze $mnpq$.

Les blocs disposés régulièrement, les joints qu'ils laissent entre eux sont remplis de béton coulé sous l'eau, de manière à solidariser complètement tous les éléments de l'ouvrage.

---

(1) Voir le *Génie Civil* t. XXIX, n° 21, p. 328, et n° 22, p. 344.

Mise en place des enrochements.

Les pierres et blocs naturels employés aux enrochements proviennent de la carrière d'Aïn-Mériem, qui se trouve à 3 kilom. de l'enracinement de la jetée nord, où ils sont amenés en wagons et embarqués sur des bateaux-clapets qui les mènent au lieu d'emploi. Cette carrière présente un front de 500 à 600 mètres, sur 60 mètres

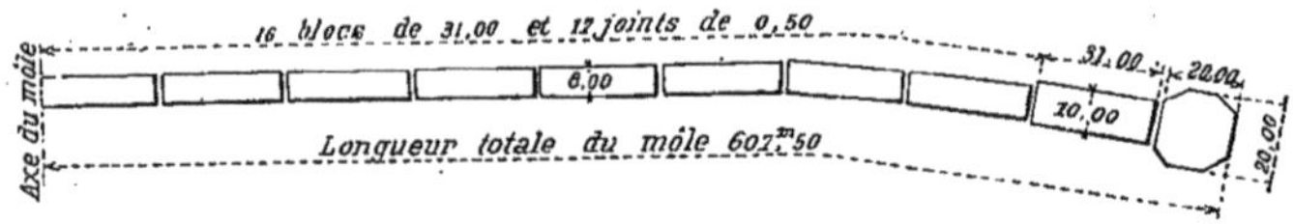

Fig. 16. — Plan d'ensemble du môle.

de hauteur. L'abatage se fait au moyen de galeries horizontales. Chaque opération de mine brûle 6300 kilogr. de poudre.

Les enrochements en blocs naturels étaient, suivant le poids des blocs, divisés en trois classes :

1re classe, pesant plus de 600 kilogr., et en moyenne, 1 000 kilogrammes ;
2e classe, de 75 à 600 kilogr. et, en moyenne, 400 kilogrammes ;
3e classe, de 5 à 75 — — 40 —

Il a été mis en place plus de 540 000 tonnes d'enrochements en blocs naturels.

Dès que les enrochements sont établis au moyen des bateaux à

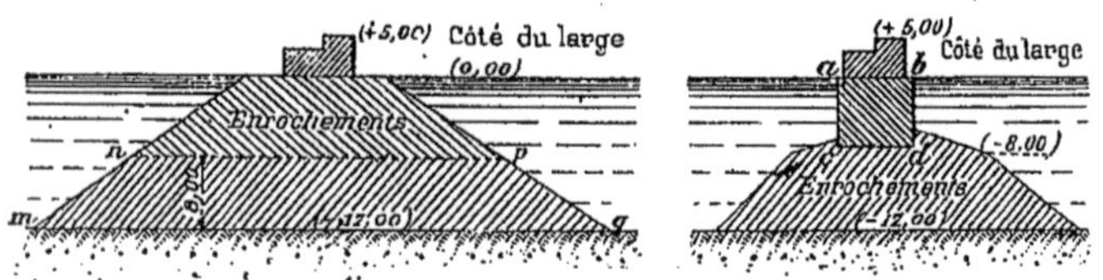

Fig. 17 et 18. — Profils comparatifs des jetées et du môle.

clapets jusqu'à la cote moyenne (— 7,50), ils sont régalés à l'aide de râteaux, manœuvrés par des treuils placés sur un grand radeau. Cette première opération, toutefois, ne serait pas suffisante et doit être complétée par le travail de trois scaphandriers, qui viennent ensuite procéder à un régalage plus précis, et assurent l'exécution de la plate-forme. Cette plate-forme est constituée par une première couche de 0m 20 de débris de carrière et par une seconde de 0m 15, formée de galets d'un Oued voisin ; on a ainsi un matelas assez homogène de

0m 35 d'épaisseur, sur lequel viendra s'échouer le bloc artificiel. L'expérience a montré d'ailleurs que les précautions prises sont suffisantes, puisque les blocs mis en place ne présentent pas de différences de niveau de plus de 0m 01 d'un angle à l'autre.

Construction des blocs artificiels de 5 000 a 6 500 tonnes.

Les blocs artificiels (fig. 19 à 23, et fig. 1 à 4, planche hors texte) sont exécutés, comme nous l'avons dit, dans des caissons à ossature métallique, munis de hausses mobiles ou batardeaux. Ces caissons ont

Fig. 19. — **Bétonnage des poutrelles d'un caisson.**

de 20 à 31 mètres de longueur, 8 à 16 mètres de largeur et leur capacité varie ainsi de 2500 à 3250 mètres cubes. La hauteur du caisson est de 2 mètres sans les hausses.

On commence par construire l'enveloppe du pourtour et les cloisons transversales, en maçonnerie de moellons et de mortier de chaux du Teil au dosage de 400 kilogr. de chaux par mètre cube de sable. Les compartiments ainsi formés sont destinés à être, après l'échouage, remplis de béton, composé de trois parties de pierres cassées et de deux parties du mortier précédent.

Pour satisfaire aux conditions de parfaite étanchéité, de flottabilité et d'indispensable rigidité, avant la mise en place d'un bloc, il convient de donner au premier revêtement en maçonnerie une épaisseur de 1 mètre, tant sur le fond que sur les parois verticales. Les parements intérieurs sont établis en arrachements, assurant une liaison intime avec le béton de remplissage qui est employé par couches horizontales fortement damées.

C'est dans l'avant-port que les caissons, pourvus de leurs batardeaux, reçoivent une partie de leur chemise en maçonnerie ; lorsque celle-ci a pris une consistance suffisante, le caisson est amené par flottage à sa place d'immersion, où il est lesté et échoué. Cette dernière opération n'est effectuée que lorsqu'on s'est assuré de la parfaite régularité et de l'horizontalité du lit d'enrochements destiné à recevoir le bloc.

Fig. 20. — Lestage d'un caisson.

Afin de parer aux tassements qui pourraient se produire en cours d'exécution, les massifs d'enrochements ordinaires sont à la cote (—7,40), au lieu de (— 7,50), sur l'empatement des blocs et sur une largeur de 1 mètre en dehors. Il est ménagé, entre les blocs, un joint de 0^m 40 environ d'épaisseur. Après l'achèvement des blocs, les hausses du caisson sont enlevées et les joints sont faits en béton riche, composé de parties égales de pierres cassées et de mortier de chaux du Teil, dosé à 400 kilogr. par mètre cube de sable.

Détail des opérations. — Il n'est pas sans intérêt de donner ici quelques détails spéciaux sur les opérations dont nous venons d'indiquer l'ensemble, en prenant pour exemple un bloc courant de 31 mètres de longueur et de 8m 20 de largeur (fig. 1 à 4, planche hors texte).

Le caisson, en tôles et cornières, est tout d'abord établi sur 2 mètres de hauteur, à l'atelier central. Le pourtour supérieur est muni, extérieurement, d'une cornière percée de trous, destinée à l'assemblage ultérieur des batardeaux mobiles.

Le caisson, lancé et à flot, est amené au chantier central, où l'on recouvre son fond d'une couche de mortier de chaux de 0m 05, qui servira plus tard de matelas entre la maçonnerie intérieure et le lit d'enrochement sur lequel sera échoué le bloc.

Sur ce lit de mortier, on procède au bétonnage en lui donnant une

FIG. 21. — Remplissage d'un caisson.

hauteur qui varie de 0m 50 à 1 mètre ; il faut avoir soin de répartir les charges de façon que les fers et tôles ne subissent aucun travail, par suite des sous-pressions et des pressions latérales (fig. 3 et 4, planche hors texte). On monte ensuite, en maçonnerie de moellons, une banquette cintrée le long des parois, de 0m 50 de hauteur et de 1 mètre de largeur, pour résister aux pressions latérales jusqu'à la cornière de boulonnage.

Ainsi chargé de béton et de maçonnerie, et calant 1m 50, le caisson est surmonté de huit panneaux mobiles en tôles et cornières (fig. 20). Chacun des six panneaux des côtés longitudinaux mesure 10m 30 × 7m 50 ;

ceux des petits côtés ont 7m 50 de largeur. Ils portent tous des tiges de 6 mètres de longueur, placées verticalement et filetées à leur extrémité inférieure. Ces tiges, correspondant aux trous ménagés dans la cornière du caisson, peuvent s'y visser. La manœuvre du dévissage ultérieur, d'ailleurs, peut se faire en appliquant la clef sur l'extrémité supérieure de la tige qui forme carré. Les différentes hausses sont également réunies entre elles par des boulons. Les hausses portent, dans leur région supérieure, quatre vannes permettant de remplir d'eau le caisson en cas de besoin. Des portes de 0m 50 × 0m 50 y sont également ménagées pour l'introduction des matériaux destinés aux maçonneries.

FIG. 22. — Mise en place des hausses mobiles.

La mise en place des hausses et leur enlèvement sont effectués au moyen d'une mâture flottante de 50 tonnes, également utilisée pour la mise en place des blocs artificiels ne dépassant pas ce poids.

Lestage définitif. — L'ensemble du caisson surmonté de ses batardeaux et dont les dimensions extérieures sont, exactement, celles du bloc définitif, est amené, par flottage, au chantier spécial du lestage, où arrivent les moellons et le mortier, qui sont introduits par les portes des panneaux.

Le caisson est abrité contre la houle du large, pour les cas de mauvais temps, par des radeaux flottants de 4 mètres de profondeur, reliés entre eux et formant une enceinte de protection. Le lestage peut ainsi se poursuivre sans embarras. La maçonnerie est conduite progressivement par périodes, de manière à immerger d'abord le caisson jusqu'à 5m40 du fond, puis jusqu'à 7m50 (planche hors texte). Le caisson est alors prêt à être remorqué à sa place définitive, en profitant d'un temps relativement calme.

Dès que le bloc se trouve dans l'alignement de la jetée, on ouvre deux vannes qui remplissent d'eau deux des compartiments ou puits, afin de l'échouer sur la plate-forme d'enrochements.

Remplissage. — On procède alors au remplissage qui s'exécute au moyen de transbordeurs. Ces appareils sont disposés, au nombre de quatre, sur chaque caisson (de trois sur les petits caissons) ; ils servent à manœuvrer les bennes de 400 à 500 litres que l'on charge de béton dans des chalands. Le béton est vidé à sec, d'abord dans les deux puits du bloc qui sont restés sans eau et que l'on remplit sur 3 mètres de hauteur. De nombreuses expériences montrent que le béton de chaux employé à sec est de bien meilleure qualité que lorsqu'il est coulé dans l'eau. Les deux premiers puits étant ainsi remplis à 3 mètres, on épuise les deux autres compartiments que l'on bétonne à leur tour ; et l'on termine le remplissage des quatre puits simultanément avec les quatre transbordeurs.

Ces transbordeurs se composent d'une charpente métallique légère, qui n'oppose qu'une insignifiante résistance à la houle. En cas de mauvais temps, la mer et les embruns balayent le bloc, en passant au travers des charpentes sans les renverser. Ces appareils, très légers, réalisent, certainement, un progrès notable sur les Titans employés jusque-là, machines lourdes et coûteuses qu'on ne peut, d'ailleurs, utiliser qu'en les poussant, de proche en proche, sur les jetées enracinées à la côte, et qu'il eût été malaisé, par conséquent, d'employer pour la construction de la digue du large.

Chaque charpente de transbordeur supporte une poutre métallique débordant de 4 mètres de chaque côté du bloc. Cette poutre sert de guide à un chariot auquel est suspendue la benne et qui est actionné par des câbles métalliques, mus eux-mêmes par un treuil électrique recevant le courant de 500 volts de l'usine centrale.

Par temps de tempête, il suffit de noyer complètement les puits pour assurer plus complètement l'assiette du bloc, et d'abandonner le travail que l'on reprend lorsque le calme est revenu. Cette reprise s'est toujours faite sans que rien n'ait bougé.

Achèvement des maçonneries. — Le bloc rempli de béton étant arasé à la cote zéro, il suffit de terminer le couronnement de la digue en élevant de la maçonnerie de moellons jusqu'à la cote (+ 1 mètre). Les hausses mobiles sont alors enlevées au moyen de la mâture et replacées sur un autre caisson.

En dehors des blocs courants, dont nous avons donné les dimensions, la construction des môles a conduit à poser des blocs de 31 mètres × 10 mètres et de 20m 66 × 16 mètres, pesant 6000 kilogr. les uns et les autres et qui ont été ou seront exécutés et mis en place

Fig. 23. — Premier caisson échoué au large.

par les mêmes procédés. Au 1er novembre 1902, l'entreprise avait coulé 15 blocs courants et 1 bloc contre-môle, sur 26 blocs que comporte la construction des jetées. Le travail n'avait donné lieu à aucune difficulté imprévue, ce qui suffit à justifier la méthode employée.

IV. — Travaux de Sidi-Abdallah et de la défense mobile.

Les travaux exécutés pour les besoins des établissements militaires comprennent : d'une part, le dragage des darses et la construction des digues, jetées et quais, tant devant l'arsenal proprement dit, qu'au port

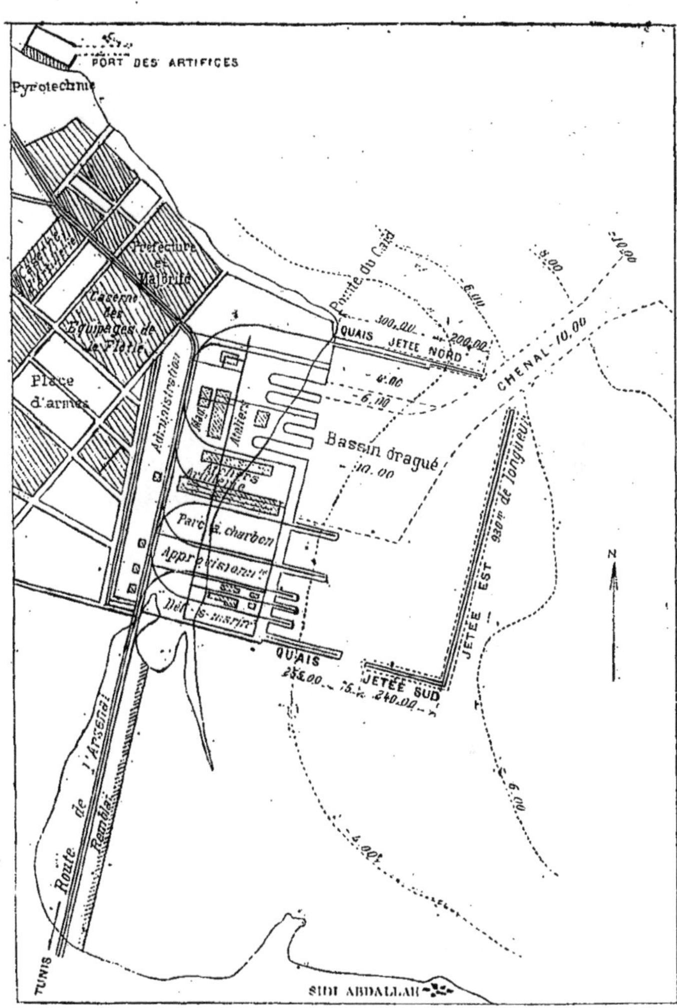

Fig. 24. — Arsenal de Sidi-Abdallah et port des artifices.

des artifices et à la défense mobile, installée au fond de la baie Sans-Nom ; d'autre part, la construction des formes de radoub de Sidi-Abdallah.

Les dragages et les travaux de maçonnerie des digues ont été effec-

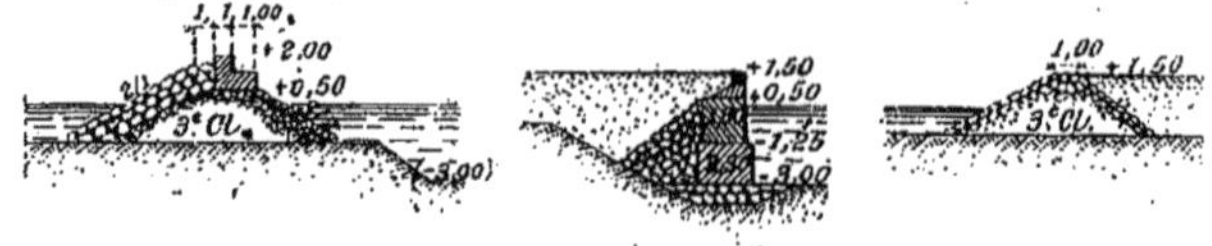

FIG. 25 à 27. — Ouvrages du port des artifices.

tués par MM. Hersent et fils, par les mêmes procédés que ceux de l'avant-port.

En particulier, les dragages dans le sable sont pratiqués au moyen

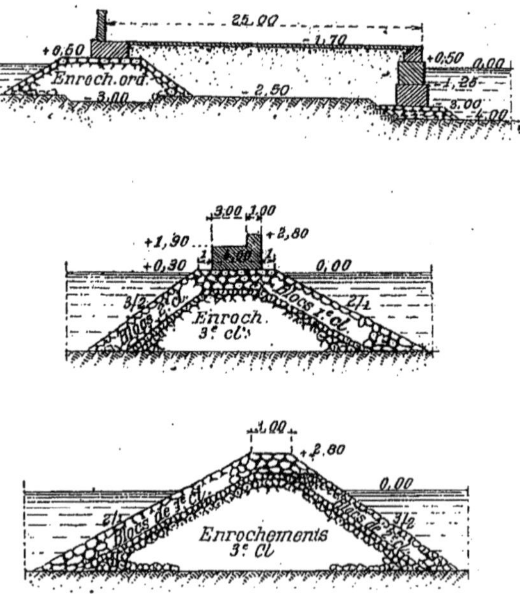

FIG. 28 à 30. — Ouvrages du port de Sidi-Abdallah.

de la drague suceuse. Les parties calcaires, après avoir été désagrégées à la dynamite, sont enlevées par les dragues à godets ou à la grue flottante lorsque les blocs sont trop gros. Les produits du dragage sont transportés et immergés dans le lac ou déversés sur les terre-pleins à construire aux abords de la darse, au moyen de débarquements fixes ou flottants.

Les enrochements, d'un poids total de 350 000 tonnes, divisés en trois catégories, suivant leur grosseur, proviennent de la carrière de Djebel-Koudia, qui se trouve au bord du lac; leur transport est effectué sur des clapets, pour les petits blocs à immerger au-dessous de (— 3 mètres), sur des mahonnes pour les blocs placés au-dessus de cette cote, sur des porte-blocs pour la première catégorie, et, enfin, au moyen de grues de 10 tonnes, circulant sur les jetées, pour les gros blocs servant aux revêtements extérieurs.

Les murs de quai sont établis à l'aide de blocs artificiels de 15 mètres cubes.

Ces blocs sont construits sur le chantier, en parc, et enlevés au moyen d'un appareil à presse hydraulique qui les charge sur wagons pour les amener au mur de quai, où une mâture flottante de 50 tonnes les reprend pour les placer sur un porte-bloc. Ce bateau, chargé de quatre blocs et accompagné de la mâture, se rend au lieu d'échouage, où les blocs sont définitivement mis en place. Ce procédé permet de poser dix à douze blocs par jour.

La force motrice employée par l'entreprise Hersent comprend : pour le port de Bizerte proprement dit : 2425 chevaux; pour Sidi-Abdallah, 155; soit, au total, 2580 chevaux. Le nombre d'ouvriers employés est de : 1100 à Bizerte et 370 à Sidi-Abdallah, soit 1470 au total.

Enfin, l'estimation des travaux de cette entreprise et de celle antérieurement concédée à la Compagnie du port, peut se résumer ainsi :

1° Travaux concédés à la Compagnie du Port de Bizerte. . Fr.	12.000.000
2° Travaux rétrocédés à MM. H. Hersent et fils	2.280.000
3° Travaux de Sidi-Abdallah et du port des artifices	5.200.000
Total. . . . . Fr.	26.480 000

Tous ces travaux seront terminés dans le courant de 1903.

Conclusion.

De quelque côté qu'on envisage la création d'un grand port à Bizerte, au point de vue politique ou économique, sous son aspect militaire ou commercial, il est impossible de ne pas reconnaître que cette création constitue une œuvre grandiose dont la nature, certes, a fait les premiers frais, mais où la science et l'habileté de nos Ingénieurs se sont montrées, une fois de plus, à la hauteur de leur vieille réputation.

Ce qui frappe avant tout, dans les travaux entrepris, c'est l'unité de vues et de conception qui a permis d'élever un ensemble d'ouvrages dont toutes les parties se soudent et se complètent, avec le minimum d'efforts, encore que les efforts dépensés soient considérables et, en outre, en réservant avec une sage prévoyance les ressources que pourra nécessiter par la suite le développement des installations, pour satisfaire au développement des besoins.

Grâce aux vastes étendues d'eaux profondes dont on disposait, on a pu réaliser l'heureuse juxtaposition d'un grand port militaire et

Fig. 31. — Machine à mâter de 50 tonnes.

d'un port de commerce appelé à s'accroître, sans qu'en aucun cas l'un puisse nuire à l'autre.

Il est juste d'unir, dans le même hommage, les noms des trois éminents administrateurs qui ont présidé à cette œuvre considérable : M. Pavillier, Directeur des Travaux publics en Tunisie, l'amiral Merleaux-Ponty, dont on ne saurait trop déplorer la perte, et enfin le général du Génie Marmier, qui tous se sont consacrés avec le même dévouement, avec la même foi éclairée, à la tâche commune.

En considérant l'œuvre accomplie, les travaux énormes qu'elle comportait dans des conditions difficiles, la puissance des moyens mis en œuvre, l'ordre et la sûreté de l'exécution par des méthodes longuement mûries et sanctionnées par l'expérience personnelle des Ingénieurs concessionnaires qui en avaient assumé la lourde charge, il est juste aussi de reconnaître la part très importante pour laquelle ils ont contribué au succès.

Les grands ouvrages à la mer constituent, dans l'ensemble de l'art des travaux publics, une section tout à fait spéciale, particulièrement ardue, qui exige des Ingénieurs et des Entrepreneurs des qualités exceptionnelles et une expérience consommée. La France peut être fière, à cet égard, du personnel qu'elle possède et dont la réputation est si bien établie, que c'est à des Français qu'a été confiée l'exécution de la plupart des grands ports construits depuis quelques années et encore aujourd'hui à l'étranger.

IMPRIMERIE CHAIX, RUE BERGÈRE, 20, PARIS. — 24344-12-02.

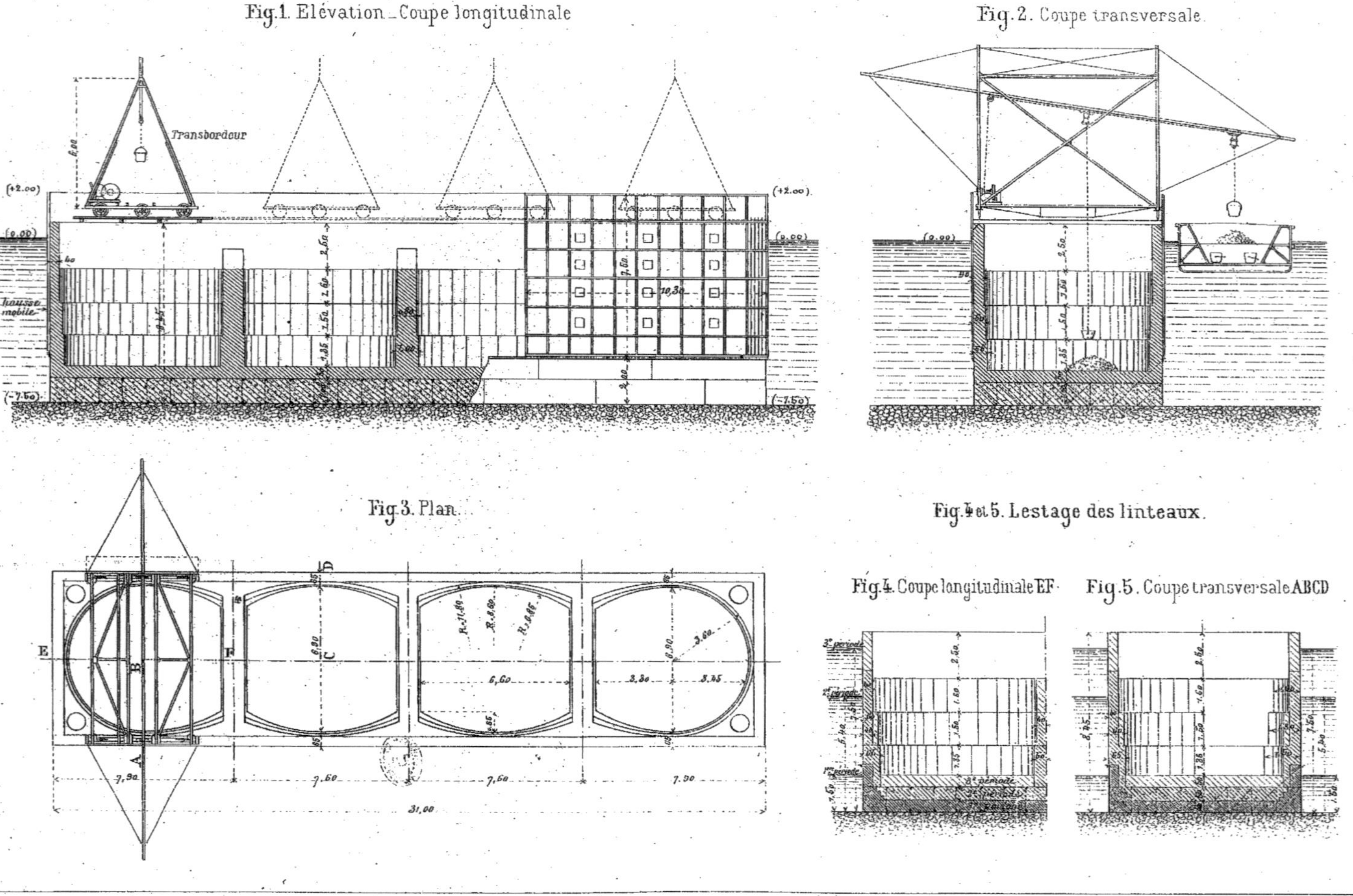

Fig. 1. Élévation – Coupe longitudinale

Fig. 2. Coupe transversale.

Fig. 3. Plan.

Fig. 4 et 5. Lestage des linteaux.

Fig. 4. Coupe longitudinale EF · Fig. 5. Coupe transversale ABCD

www.ingramcontent.com/pod-product-compliance
Ingram Content Group UK Ltd.
Pitfield, Milton Keynes, MK11 3LW, UK
UKHW021024200726
13857UKWH00004B/1577